中小学气象安全常识

顾　问：朱定真
主　编：赵　帆　张锦华　陈蔚翔　鲁　婷
副主编：李　倩　邓美玲　李　彤　呼金刚
黄青男　张振清　曹亚平

气象出版社
China Meteorological Press

内容简介

本书是专为中小学生设计的气象知识普及读物，旨在帮助学生认识常见气象现象，了解其潜在危害，掌握基本避险与应对技能，提高学生安全意识和自我保护能力。全书共分九章，涵盖天气预报的制作过程，以及台风、暴雨、雷电、冰雹、龙卷、高温、低温、雾和霾等常见气象现象。每章从灾害介绍、现象解析，到避险方法、拓展阅读，结构清晰，内容满满。

本书语言通俗易懂，搭配丰富插图，让知识一目了然，是学校开展气象安全教育的重要参考资料，非常适合中小学生阅读。

图书在版编目（CIP）数据

中小学气象安全常识 / 赵帆等主编 ； 李倩等副主编.
北京 : 气象出版社, 2025. 4. -- ISBN 978-7-5029
-8448-9

Ⅰ. P429-49

中国国家版本馆 CIP 数据核字第 2025ZS7157 号

中小学气象安全常识

Zhong-xiao Xue Qixiang Anquan Changshi

出版发行：气象出版社
地　　址：北京市海淀区中关村南大街 46 号　　邮　　编：100081
电　　话：010-68407112（总编室）　010-68408042（发行部）
网　　址：http://www.qxcbs.com　　E-mail：qxcbs@cma.gov.cn
责任编辑：黄海燕　　终　　审：张　斌
责任校对：张硕杰　　责任技编：赵相宁
封面设计：楠竹文化
印　　刷：北京盛通印刷股份有限公司
开　　本：787 mm × 1092 mm　1/16　　印　　张：5.75
字　　数：85 千字
版　　次：2025 年 4 月第 1 版　　印　　次：2025 年 4 月第 1 次印刷
定　　价：40.00 元

编委会

前　言

近年来，全球气候变化加剧，极端天气气候事件频发，气象灾害对人们的生命财产安全构成严峻挑战。中小学生作为国家的未来，掌握基本气象知识、提升安全意识和自救能力显得尤为重要。本书应运而生，旨在通过科学普及和实用指导，帮助青少年认识常见气象现象，了解其潜在危害，掌握避险技能，从而在灾害发生前做到未雨绸缪、从容应对。

全书共分九章，系统讲解了天气预报的制作过程，以及台风、暴雨、雷电、冰雹、龙卷、高温、低温、雾和霾等常见气象现象的形成机理、灾害特征与避险方法。书中引用的预警信号标准和部分案例源自广东省气象部门。每章通过灾害案例、现象解析、实践指导及拓展阅读等内容，结合丰富插图与实验设计，将抽象的气象知识具象化，力求语言通俗易懂、内容生动实用。本书不仅是学校开展气象安全教育的优质教材，也可作为家庭常备的防灾指南。

感谢编写团队为本书付出的诸多心血。为了确保内容的准确性和丰富性，编写团队以大量气象历史数据为基础，广泛查阅了海量的气象和历史资料，深入剖析每一个气象现象和防灾减灾知识点。同时，还精心设计了丰富的插图和实验，力求将抽象的气象知识转化为通俗易懂的内容呈现给读者。在反复打磨和修改过程中，编者们始终保持严谨的态度，不放过任何一个细节，力求为读者打造一本高质量、实用性强的气象安全读物。在此，也感谢气象出版社的专业支持，感谢黄海燕老师在成书过程中的悉心指导和辛苦付出，感谢所有为本书提供案例、资料和技术指导的机构与个人。

由于时间仓促及编者水平有限，书中难免存在疏漏与不足之处，恳请广大读者、教育工作者及气象领域专家不吝指正。我们期待通过持续完善，让本书更好地服务于青少年的安全教育，为构建安全校园、安全社会贡献力量。

编者

2025 年 2 月于北京

目 录

第一章 天气预报的制作

一 天气观测的变迁

（一）雨水的测量

1. 古人的测雨智慧

对于靠天吃饭的古人来说，对天气最美好的希冀就是风调雨顺，这也是古代君王祭祀的重要诉求，因为风调雨顺才能物阜民丰、六畜兴旺。如果遭遇旱涝之灾，其程度轻时则收成不佳，严重时人们则饥寒交迫，甚至可能引发社会动乱、朝代更迭。

在漫长的生产实践中，古人开始尝试观察风云变化，总结并衍生出不少关于下雨的谚语，比如“东虹日头西虹雨”“鱼鳞天，不雨也风颠”等。

除了观察并总结出朗朗上口的谚语之外，古人也发明了一些原始的方法测量降雨量。南宋数学家秦九韶于 1247 年在《数书九章》中提到“平地得雨之数”的原理，成为世界最早测量雨量的科学理论基础。该书中还记载了“天池测雨”“圆罂测雨”“峻积验雪”“竹器验雪”等测量雨量和雪量的方法。其中“天池测雨”中的“天池盆”，是中国古代最早有记录的雨量器。

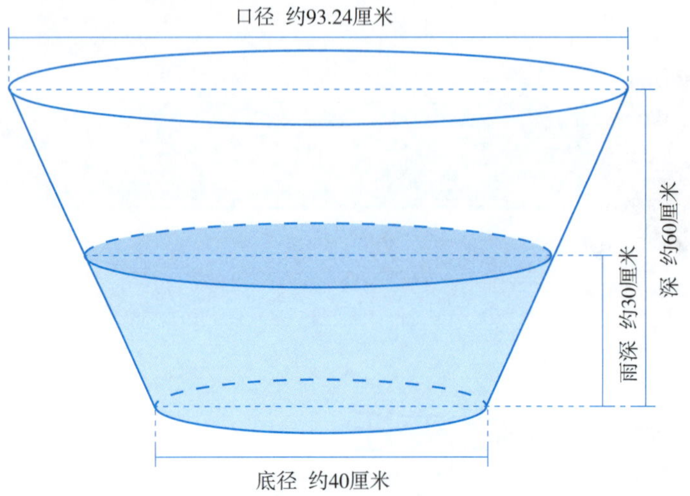

天池测雨示意图

自秦汉以来就有雨泽上报制度，可见古人对于测量降雨量的重视。到明朝时，出现了由国家制定的统一的圆筒形测雨器，供给地方州、县使用，可惜截至目前，尚未发掘出明代的雨量器。中国何时开始制造雨量器，时间待考证。

2. 现代测雨方式

现代降雨量的测量，经历了从人工观测到自动观测。

雨量器是人工观测降雨量的仪器，由雨量筒和量杯组成。常见的雨量筒外壳是金属圆筒，分为上、下两节，上节是一个直径为 20 厘米的正圆形承水器；下节筒内放置储水瓶，以收集雨水。量杯为一特制的有刻度的专用量杯，量杯有 100 分度，每一分度等于雨量筒内水深 0.1 毫米。

气象站雨量器安装在观测场内固定架子上。每天北京时间 08 时、20 时分别量取前 12 小时降雨量。将雨水倒入量杯。将量杯保持垂直，使人的视线与水面齐平，以水凹面为准，读得刻度数即为降雨量。降雨量大时，会分数次量取，求其总和。

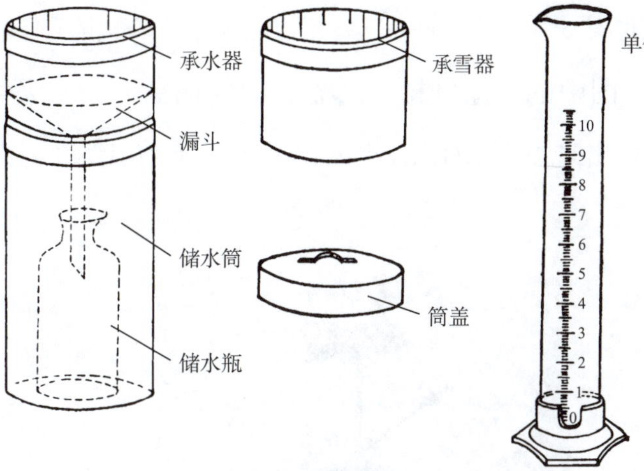

雨量筒及量杯示意图

现在，自动观测已完全取代人工观测，翻斗式雨量计成为气象观测业务中普遍采用的降水观测仪器，翻斗每翻动一次，记为 0.1 毫米。

翻斗式雨量计

（二）风的测量

1. 古人的测风智慧

早在殷商时期，甲骨文中就有较多关于风的记载。而古人是如何测风的呢？要从一只鸟说起。

1971 年，在河北省安平县发掘的一座东汉古墓内，考古工作者发现了一幅东汉建筑群鸟瞰图，图中的一座钟楼上站立着相风铜乌——它完美地证明了相风铜乌是世界上最早出现并被使用的测风仪。比西方在 12 世纪出现的类似候风鸡早了近 1000 年。

相风铜乌

由于铜制相风乌较为笨重，测量灵敏度不高，因此，渐渐被更为轻巧的木制相风乌所代替。起风时，通过观察木乌的朝向就能辨别风向，而木乌嘴里衔着的“花”，其旋转速度体现了风速大小，转得越快，代表风速越大，风力越强。可见，在当时，相风木乌已经是一种相当先进的测风仪器了！

2. 现代测风的方式

工业革命的到来推动了新型气象仪器的快速发展，大量气象观测站开始在世界各地建立。公元 1846 年，英国天文学家、物理学家罗宾逊在休厄尔（Von Whewell）所创风速表的基础上发明制造了转杯式风速仪。之后，各种更加精确的测风仪器陆续被发明出来并广泛应用于世界各地的气象观测站。

测量风的仪器主要有 EL 型电接风向风速计、EN 型系列测风数据处理仪、轻便风向风速表、单翼风向传感器、风杯风速传感器等。其中，单翼风向传感器、风杯风速传感器等都属于自动观测风向风速的仪器。

风杯风速传感器是测量风速大小的仪器。在风的作用下，风杯风速传感器转动的速度越快，代表风速越大。

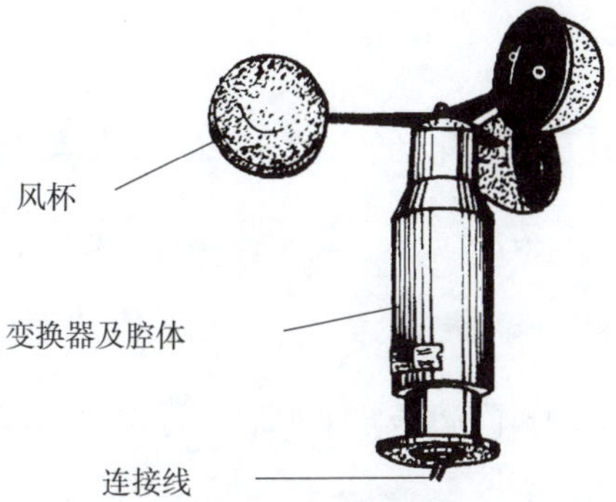

风速传感器

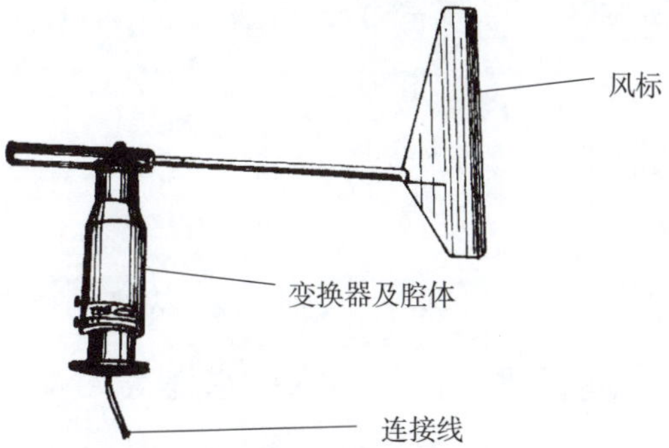

风向传感器

风向用十六个方位的缩写符号记录，比如北风记为 N，南风记为 S，东北风记为 NE，东北偏东风记为 ENE。

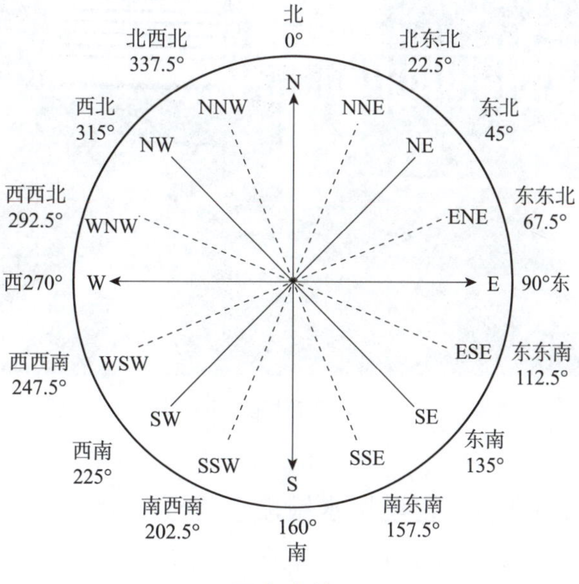

风向方位

风的分级

蒲福风级是目前国际通用的风力等级，由英国人弗朗西斯·蒲福（Francis Beaufort）于1805年拟定，用以表示风强度等级。风力等级简称风级，是风强度（风力）的一种表示方法，故又称“蒲福风力等级表”。而世界上第一个给风定级的人并不是弗朗西斯·蒲福，而是中国唐代的李淳风，他详细记录了观测风的方法，并将风划分为八个等级，成为世界上第一个给风定级的人，比蒲福风力等级早了一千多年。

（三）气温的测量

气象上在测量气温时，为了防止太阳辐射以及周围环境对观测值的影响，气象观测站通常设立在远离建筑物、树木、水体等无遮挡和无不利影响的空旷环境，地面铺设草坪。一般会将测温仪器放在距地面1.5米高处的百叶箱内。

百叶箱

现在的气温观测已经不再使用水银玻璃管温度计了，而是采用物理化学性能稳定、测温精度高的铂电阻温度传感器。

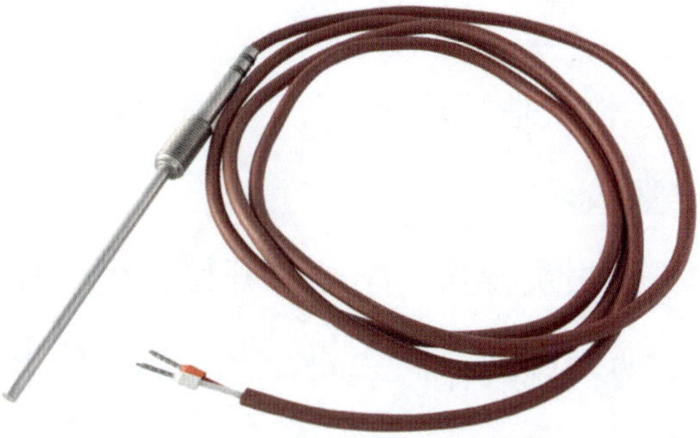

铂电阻温度传感器

对气温的观测，通常一天进行 4 次，一般选取北京时间 02 时、08 时、14 时和 20 时。我们平常所说的日最高气温是指某地前一日 20 时至当日 20 时这 24 小时内出现的最高气温。日最高气温通常出现在 14—16 时，而日最低气温通常出现在日出前后。

动动手：连续多日观测一天中不同时间的气温并记录下来，统计并观察日最高气温出现的观测时间。

气温观测记录　　单位：℃

日期（年－月－日）	时间				
	08	11	14	17	20

二　揭秘天气预报制作

很多人觉得，气象工作就是每天看看云、看看太阳，应该很有意思。事实上，气象工作远没有看起来那么轻松。

与很多行业一样，预报员要从“学徒”开始，由“师父”带着启蒙，开始当助手，分析天气图，听“师父”们会商，学习建立预报思路，慢慢到开始参与气象会商讨论，直到“满师”（一般需要两三年）才能开始单独值班做预报，并且之后需要继续积累经验。

如果说天气预报的制作过程是一根产业链条，那么大家看到的“天气预报”只是这根链条最末端的一环。链条的第一环是气象学理论的研究支撑。第二环是气象要素的观测和监测，比如温度、湿度、风向风速、能见度数据的测量等。第三环是通过计算机进行数值模拟，也就是说，把大量的气象信息搜集分析后推演天气将来的发展。第四环是值班预报员通过多年积累的经验对搜集到的观测信息进行综合处理和判断，得出预报结论。最后一环，就是将预报结论发送给大家。通常人们在电视中看到的《天气预报》节目只是最后预报结果的呈现，真正的天气预报制作流程大部分发生在人们看不到的地方。

互动话题

你来做一次天气预报吧！

第一段：自我介绍。

第二段：今天的天气描述。

第三段：明天的天气如何，是否有雨？温度多高？有没有风？需要穿什么样的衣服更合适？是否有重大天气或者灾害天气，气象台发布了什么预警？提醒观众要注意些什么？

第四段：用你喜欢的方式做结尾，和大家说再见！

第二章 台风

一 台风灾害

台风是破坏力最强的天气系统之一。它会带来 6 级以上的大风，大风有极大的摧毁力，能将大树连根拔起、毁坏农作物，甚至刮倒房屋。它还会带来强降雨，造成严重内涝、山体滑坡、山洪暴发。它登陆时由于中心气压低，具有强大的抽吸作用，常常会造成海水上升，引起巨浪、风暴潮，而风暴潮来势迅猛、破坏力强，在很短时间内会出现海水漫堤的情况，导致海水涌入城市、浸泡车辆、淹没农田，造成人员和财产损失。

2017 年 8 月 23 日，强台风“天鸽”在珠海市登陆，登陆时中心附近最大风力 14 级（45 米 / 秒），是 1949 年以来登陆珠江口附近的最强台风。受强台风“天鸽”影响，广州市南沙区出现了暴雨和 11 级阵风，同时引发城市内涝和历史罕见的风暴潮灾害。

强台风“天鸽”带来的大风将树木连根拔起

强台风“天鸽”引发的风暴潮造成广州市南沙区蒲州广场附近漫堤

2018 年 9 月 16 日，超强台风“山竹”以强台风级别（14 级）登陆江门台山海宴镇。受“山竹”影响，广州市南沙区出现了罕见的大范围、持续性 10 ～ 12 级大风，引发超三百年一遇的风暴潮。最大阵风出现在舢板洲岛，为 64.8 米 / 秒（17 级以上），大风持续 3 个多小时。

超强台风“山竹”引发风暴潮造成广州市南沙区海水倒灌和堤坝损毁

二 认识台风

依据《热带气旋等级》（GB/T 19201—2006）的定义，热带气旋是发生在热带或副热带洋面上的具有暖心结构的低压涡旋，是一种强大而深厚的天气系统。热带气旋等级的划分以其底层中心附近最大平均风速为标准，分为热带低压、热带风暴、强热带风暴、台风、强台风和超强台风6个等级。为了预警发布称呼统一，现在公众天气预报里将热带风暴、强热带风暴、台风、强台风和超强台风都称为“台风”，而强度级别会在预报内容中具体说明。

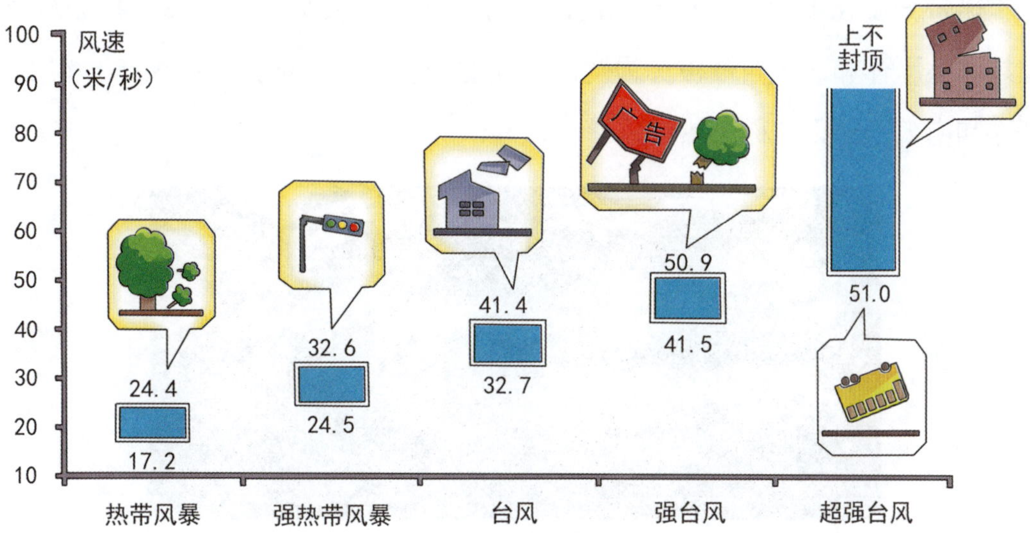

台风等级划分

一个成熟的台风从中心向外，分别是台风眼、内雨带、外雨带。台风眼区呈现出相对平静的状态，风平浪静，天气晴好。内雨带位于台风眼壁附近，是台风中对流最旺盛的区域，风雨强度最强，常导致狂风暴雨。外雨带离台风中心相对较远，这里的对流活动没有内雨带那么强烈，主要以阵性降水为主，时断时续。

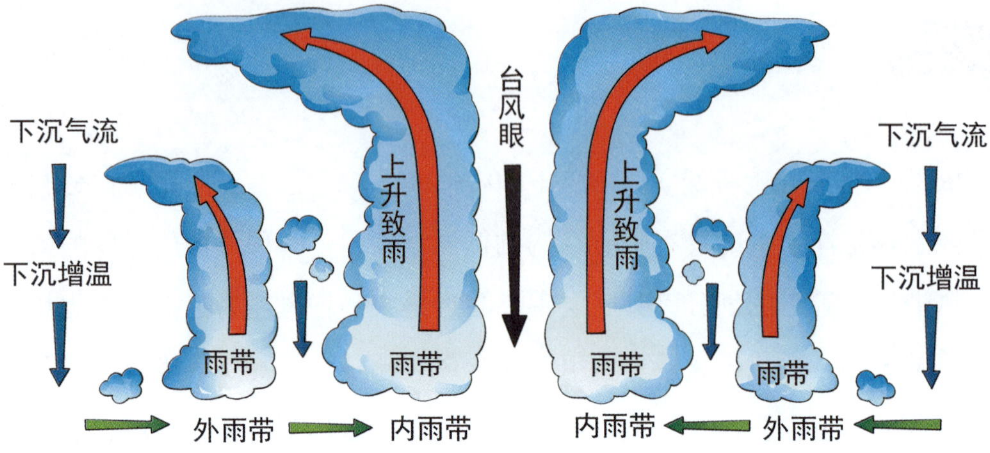

台风结构示意

热带气旋在不同洋面有着不同的称呼，在西北太平洋和南海被称为台风，在东北太平洋和北大西洋被称为飓风，在北印度洋又被称为气旋风暴，在南印度洋和南太平洋则被称为热带风暴。

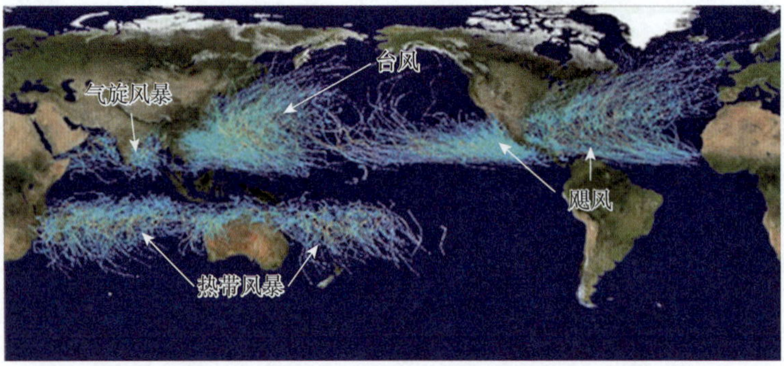

热带气旋在不同洋面的称呼

（图中线条代表 2001—2020 年全球热带气旋路径）

三 如何避险

（一）台风来临前

1. 随时关注台风动向，准备好应急物品，包括手电、收音机、电池、充电宝、食物、饮用水、常用药品、防寒衣物等。

2. 将屋外物品移至安全场所，固定好易被风吹走的物体；如果有玻璃松动或有裂缝，应贴上胶条。

3. 如果在海上要及时上岸，在海边也要及时远离躲避；住在低洼地区和危房中的人们要转移到安全场所。

4. 清扫排水管道，保证排水畅通；检查电路、炉火、煤气，确保安全。

（二）台风来临时

1. 不要在危旧住房、工棚、临时搭建物、脚手架、电线杆、树木、广告牌、铁塔等容易造成伤亡的地点避风避雨。

2. 在野外遇上台风，应尽可能快地躲在掩蔽处，远离篱笆、电缆等危险物；开车旅游，应将车开到隐蔽处；若住在帐篷里，则应收起帐篷，到坚固的房屋中避风。

3. 尽量不要外出，若不得不外出时，应一步一步地慢慢走，顺风时绝对不能跑。在建筑物密集的街道行走时，要特别注意下落物或飞来物，以免被砸伤。

4. 台风影响期间有暴雨时，要注意水深，最好边行走边用木棍在前面探路，10 岁以下儿童不可在水中行走，应用盆或桶等有浮力物品载幼儿渡过。

台风预警信号 *

台风白色预警信号

48 小时内将受台风影响。

台风蓝色预警信号

24 小时内将受台风影响，平均风力可达 6 级以上，或者阵风 8 级以上；或者已经受台风影响，平均风力为 6 ～ 7 级，或者阵风 8 ～ 9 级并将持续。

台风黄色预警信号

24 小时内将受台风影响，平均风力可达 8 级以上，或者阵风 10 级以上；或者已经受台风影响，平均风力为 8 ～ 9 级，或者阵风 10 ～ 11 级并将持续。

台风橙色预警信号

12 小时内将受台风影响，平均风力可达 10 级以上，或者阵风 12 级以上；或者已经受台风影响，平均风力为 10 ～ 11 级，或者阵风 12 级以上并将持续。

台风红色预警信号

12 小时内将受或者已经受台风影响，平均风力可达 12 级以上，或者已达 12 级以上并将持续。

* 本书预警信号分级源于《广东省气象灾害预警信号》，详见附录 4。

四 拓展阅读

当台风外围螺旋云系抵达时，天空通常会形成“跑马云”，即移动速度非常快的云。此时会出现一阵一阵的短时风雨。

台风主体抵达时，风雨会显著增强，会有黑云压城的既视感。

但进入台风眼时，短时天气将恢复晴朗平静。

台风眼过后，风雨会再次加强。

台风影响结束后，可能会出现建筑物损坏、树木倒伏等灾害，但天空会非常的湛蓝透彻，有朵朵白云。由于天空水汽充沛，还有可能见到彩虹。

第三章 暴雨

一 暴雨灾害

暴雨是影响人们生产生活的主要灾害天气之一，尤其是短时间突发性的暴雨，往往伴有大风、雷电、冰雹等强对流天气。暴雨容易造成城市内涝，当降雨过多，超过城市的排水能力时，会形成地表积水，当积水过深、范围过大时，就会形成城市内涝，对城市交通运输、居民的生产生活造成不利影响。暴雨还会诱发中小河流洪水、山洪、泥石流、山体滑坡等次生灾害。

一般来说，当积水深度达到 15 厘米时，行人步行困难；积水超过 30 厘米时，自行车、小汽车难以行驶；积水超过 50 厘米时，交通会完全瘫痪。城市内涝还会导致地下商场、停车场和轨道交通等地下设施遭到积水倒灌，会造成房屋损坏、物品浸泡，导致人员伤亡和财产损失。积水形成的污水，还会破坏城市环境卫生，影响城市正常的生活秩序。

2008 年 6 月 25 日，受 0806 号台风“风神”影响，广州市南沙区出现了超百年一遇的特大暴雨，位于珠江街的南沙气象探测基地录得日降雨量 426.0 毫米。

广州市南沙区出现的暴雨影响市民出行

2023 年 9 月 8 日，受台风“海葵”环流影响，广州市南沙区出现大暴雨局部特大暴雨天气。7 日 20 时—8 日 20 时，南沙区东涌镇大同村站录得最大日降雨量 342.0 毫米。

广州市南沙区黄阁镇暴雨后的路口

二　认识暴雨

气象部门发布暴雨预警信号时，意味着降雨会比较大。可是具体会有多大呢？根据我国对降雨量的划定标准，暴雨是指 24 小时降雨量达到 50 毫米或以上的强降雨。除了暴雨，还有小雨、中雨、大雨等。

你知道气象上 1 毫米的降雨量是多少吗？

我们可以这样理解：在没有蒸发、流失以及渗透的平面上，如果下了 1 毫米的雨，就相当于在这个平面上积了 1 毫米深的水。

具体来说：在 1 平方米的平面上，1 毫米的降雨量等于 1 升水。这相当于在这个平面上倒了 2 瓶 500 毫升的矿泉水。如果下了 50 毫米的暴雨，就相当于在 1 平方米的平面上倒了 100 瓶 500 毫升的矿泉水，也就是 50 升水。

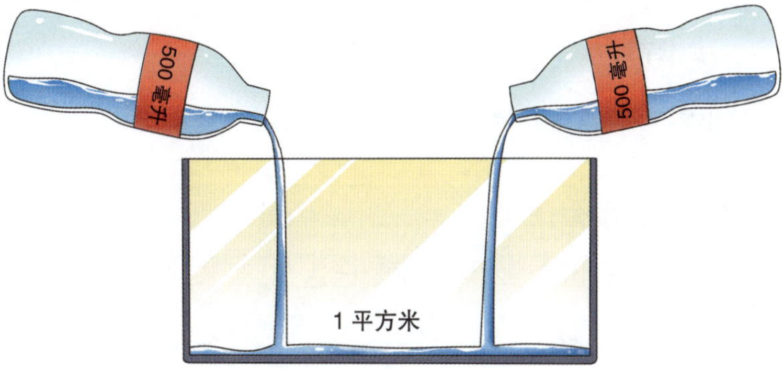

降雨在 24 小时内的不同分布，给人们的感觉也会完全不同。例如，50 毫米降雨如果均匀下在 24 小时内，给人的感觉就是淅淅沥沥下个不停；但如果降雨集中在一个小时这样的短时间内倾泻而下，给人的感觉就是暴雨倾盆。所以当你经历一场平缓持久的降雨时，你可能同样是遇到了暴雨。

在降雨的等级里，暴雨不是最强的，暴雨之上还有大暴雨和特大暴雨。大暴雨，是指 24 小时降雨量介于 100 毫米至 250 毫米的降雨。特大暴雨，是指 24 小时降雨量达到 250 毫米及以上，上不封顶！如果气象部门预报有特大暴雨，那你一定要打起十二分精神。

降雨量等级划分

降雨量等级	24 小时降雨量 / 毫米
微量	< 0.1
小雨	0.1 ～ 9.9
中雨	10.0 ～ 24.9
大雨	25.0 ～ 49.9
暴雨	50.0 ～ 99.9
大暴雨	100.0 ～ 249.9
特大暴雨	≥ 250.0

暴雨预警信号

暴雨黄色预警信号

6 小时内本地将有暴雨发生，或者已经出现明显降雨，且降雨将持续。

暴雨橙色预警信号

在过去的 3 小时，本地降雨量已达 50 毫米以上，且降雨将持续。

暴雨红色预警信号

在过去的 3 小时，本地降雨量已达 100 毫米以上，且降雨将持续。

停课标准

广州市南沙区气象台发布的暴雨红色预警信号（含分镇街暴雨红色预警信号）生效后，南沙区内所有托儿所、幼儿园、中小学校、中等职业学校、面向学生的社会培训机构作对应停课安排。

广州市南沙区暴雨天气影响下停课安排及应当采取的措施

暴雨预警信号情况	对应区域停课安排	学校应当采取措施	学生应当采取措施
06:30—08:00生效	全区或相关镇街学校上午停课	①将停课消息通知到家长和学生；②确保校舍开放，保障可能到校学生的安全	①未启程上学的学生不必到校上课；②已到校学生服从学校安排；③上学途中的学生就近选择安全场所躲避
11:00—13:00生效	全区或相关镇街学校下午停课；上午未结束的课程继续上课	①将停课消息通知到家长和学生；②确保校舍开放，保障在校和下午可能到校学生的安全；③留意最新预警信号和停课安排通知	①未离校的学生留在学校，服从安排；②上学、放学途中的学生应就近选择安全场所躲避；③留意最新预警信号和停课安排通知

三 如何避险

1. 尽量避免到户外活动，留在安全场所暂避。

2. 不要在路况不明的积水中行走，如确需涉水行走，要注意观察，看到水面有涡旋、突泉时要远远绕行。

3. 避免触电伤害，远离路灯杆，谨防电路受浸泡后漏电；发现电线断落在水中，应单腿跳跃离开现场，并及时拨打电话报警。

4. 积水漫入室内时，应立即切断电源，防止积水带电伤人。

5. 避免溺水伤害，如被卷入洪水中，应取仰卧位，头部后仰，鼻口部露出水面呼吸，尽可能抓住木板、泡沫塑料板等辅助漂浮。

6. 行驶车辆应当绕开积水路段及下沉式立交桥，如车辆陷入较深积水区，应迅速下车并到安全地点躲避。

7. 尽量远离山区，警惕暴雨引发的山洪、泥石流和山体滑坡等次生灾害。

四 拓展阅读

小实验：自制雨量器

实验材料：塑料瓶、直尺、白纸、笔、双面胶、美工刀、剪刀、喷壶、水、秒表和毛巾。

实验步骤：选择一个中间是圆柱体的塑料瓶，将它横放在桌面上，用双面胶在塑料瓶的上端绕一个圆圈。使用美工刀沿着双面胶将塑料瓶切割为两部分，再用剪刀将这两部分的圆口修整平齐（注意美工刀和剪刀使用安全，建议家长协助）。将塑料瓶的上半部分倒扣在瓶身，当作雨量器的承水器和漏斗，这样可以防止雨大时从塑料瓶溅出来。按照直尺的刻度，用笔在白纸上标刻度，单位为毫米，底部为 0 毫米；接着，剪下刻度条，用双面胶将它贴在塑料瓶上。雨量器的刻度条就做好啦！

同学们以三人小组为单位开展降雨观测模拟实验。一位同学负责把喷壶灌满水，通过均匀喷洒来模拟降雨；一位同学手持毛巾，模拟云朵；还有一位同学手持秒表，担任计时员。

实验开始，负责模拟云朵的同学高高举起毛巾示意，降雨模拟同学随即启动喷壶，均匀喷洒 5 秒后停止。在这个过程中，计时员全神贯注紧盯秒表，等喷洒一结束，便准确记录时间。按照这样的步骤重复三次，依次记录雨量的多少。

第四章 雷电

一 雷电灾害

广东省位于低纬度地区，太阳辐射强，对流旺盛，是我国雷电活动高发区之一，每年有数百万次雷电发生。广东省平均雷电密度为16.25次/（千米^2·年），其中广州最大，达30.96次/（千米^2·年）。

雷电所形成的强大电流、炽热高温、强烈电磁辐射以及伴随的冲击波，都可能导致人员伤亡以及建筑物、供配电系统、通信设备、民用电器损坏，还可能引起森林火灾，以及仓储、炼油厂、油田等燃烧甚至爆炸，危及人民生命和财产安全。

二 认识雷电

在古代，由于科学知识匮乏，人们对自然现象的认知有限，无论是东方或是西方，人们只能用超自然的力量来解释雷电，所以围绕着雷电，诞生了许许多多的神话故事，流传至今。像我国古代神话中有雷公电母的传说，雷公手持槌子，电母拿着镜子，他们负责掌管雷电。通过这种神话形象来解释雷电产生的原因。

自然科学知识普及后，雷电就是一种可解释的天气现象了。它是伴有闪电和雷鸣的一种放电现象，通常发生在带电的云层和大地之间，或者云层和云层之间，以及云层内部。这个放电的过程会产生强烈的闪电和巨大的声响，也就是人们常说的“电闪雷鸣”。

一般来说，雷电多以线状闪电为主，偶尔会有枝状、株状、球状闪电出现。

（一）哪些地方最招雷

据统计，雷击地点发生在农田的比例最高，达到32%；其次是简易建筑物，主要是农村民居、窝棚、岗亭等，占到23%；然后是在开阔地、树下、水面或湿润地及其交界处。此外，由于烟气具有导电性，而且烟囱孤立高耸，所以烟囱也特别容易遭雷击。

（二）雷电的形成

雷电活动发生的前提是要有雷雨云，而雷雨云通常由积雨云转化而来，它的转化有两个条件：一是要有剧烈的对流活动，使积雨云之间产生凝聚、碰撞、分裂等激烈运动；二是运动中发生摩擦，根据摩擦起电原理，在强烈对流

易遭雷击场所

的作用下，大气中的正、负电荷被分离，并在云的不同部位积聚。一般来说，在云的上部和下部之间、云和云之间、云和地面之间会形成强电场。随着电场两边电位差越来越大，就会发生击穿空气的放电现象，并激发空气发光，形成闪电。

闪电产生的电流可以高达几万甚至几十万安，温度高达两三万摄氏度，比太阳表面温度要高出五倍。闪电通道非常狭窄，通道中的空气被突然剧烈加热，迅速膨胀，由此发生振动，就产生了轰隆隆的雷声。

（三）雷击的形式

雷击的形式主要包括直击雷、侧击雷、感应雷、雷电波侵入、球形雷等 5 种。

直击雷，是雷电直接击中人体、建筑物、线路、设备或树木等，并通过该物体对地放电的现象。对于高度很高的建（构）筑物，雷电可能击中建（构）筑物侧面的墙体、金属门窗或玻璃幕墙等，造成建（构）筑物的侧面墙体、金属门窗或玻璃幕墙等的损坏或坠落，称之为侧击雷。感应雷，是雷雨天的电磁感应作用于建筑物的金属导体（如钢筋、管道、电线等），在导体上感应出过电压或过电流，从而对连接的电子元器件或设备造成损坏的现象。雷电波侵入是由于雷击而在架空线路上或空中金属管道上产生的冲击电压沿线或管道迅速传播的雷电波。球形雷，顾名思义是球形的闪电，出现的次数少而不规则，能从门、窗、烟囱等通道侵入室内，极其危险。

三　如何避险

（一）学会判断雷暴

1. 观察天空中的乌云（积雨云），当天空中的浓密乌云开始堆积变大变黑、发展很快时，就有可能发生雷电。

2. 利用光和声音的速度差来判断雷暴云距离自己的远近，当看见闪电和听见雷声的时间间隔越来越短时，就说明雷电正向你靠近。

（二）室内防雷避险

1. 雷雨来临前，要关好门窗，将家用电器的插头拔下，保持家用电器与建筑物的外墙有一定距离。

2. 不要靠近、触摸与室外相连的金属管线，包括水管、暖气管、煤气管等。

3. 发生雷击火灾时，要切断电源，使用专用灭火器灭火，并迅速报警。

（三）户外避雷避险

1. 雷雨天气时，不宜进行户外球类、攀爬、骑驾等运动；不要去江河湖边游泳、划船、垂钓，应尽快离开水面以及其他空旷场地，寻找有雷电防护装置的地方躲避。

2. 雷电发生时，不宜进入无雷电防护装置的野外孤立棚屋、岗亭等低矮建筑物，应迅速躲入有雷电防护装置的安全场所，首选装有避雷针、钢架的钢筋混凝土建筑物，汽车内也是不错的避雷场所，不要在铁栅栏、金属晒衣绳、架空金属体以及铁路轨道附近停留。

3. 头顶电闪雷鸣时，如果身体出现头发竖起、皮肤颤动的感觉，表明遭受雷击的概率增大，如无法躲入有雷电防护装置的建筑物内时，应远离树木、电线杆、架空电缆等高耸、孤立的物体，找一块地势低的地方，尽量降低重心和减少身体与地面的接触面积，可蹲下，双脚并拢，手放膝上，身体向前屈。如

果来不及离开高耸、孤立的物体，应马上找些干燥的绝缘物放在地上，并将双脚合拢蹲坐在上面，切勿将脚放在绝缘物以外的地面上。

4. 雷雨天气在户外行走时，身上尽量不要携带导电物体，不要把羽毛球拍、高尔夫球杆等带有金属的物体扛在肩上；不要大踏步地奔跑，否则可能会因跨步电压而受伤。

四 拓展阅读

想必大家都听说过富兰克林风筝引雷的故事。本杰明·富兰克林（Benjamin Franklin）是 18 世纪美国的实业家、科学家、社会活动家、思想家、文学家和外交家。他是美国历史上第一位享有国际声誉的科学家和发明家。风筝实验是本杰明·富兰克林的一次关于雷电的实验，1752 年 6 月的一天，天空阴云密布、电闪雷鸣，一场暴风雨就要来临了。富兰克林和他的儿子威廉一道带着上面装有一个金属杆的风筝来到一个空旷地带。富兰克林高举起风筝，他的儿子则拉着风筝线猛跑。由于风大，风筝很快就被放上高空。刹那间，雷电交加、大雨倾盆，富兰克林和他的儿子一道拉着风筝线，焦急地期待着，突然一道闪电从风筝上掠过，富兰克林用手靠近风筝上的铁丝，立即掠过一种恐怖的麻木感。他抑制不住内心的激动，大声呼喊："威廉，我被电击了！成功了！成功了！我捉住'天电'了！"随后，他又将风筝线上的电引入莱顿瓶中。回到家后，富兰克林用雷电进行了各种电学实验，证明了天上的雷电与人工摩擦产生的电具有完全相同的性质。富兰克林关于天上和地面的电是同一种的想法，在他的这次实验中得到了证实。这个实验也成了经典的科学验证猜想的例子。当然，这其中也是充满曲折的，比如 1753 年，俄国著名电学家利赫曼为了验证富兰克林的实验，不幸被雷击死亡，这是做雷电实验的第一个牺牲者。

而风筝引雷实验的成功，为我们生活带来了一份巨大的保障，那就是避雷针的发明。

那在没有避雷针的日子里，古人怎么防雷呢?

①建造避雷室。早在战国时期，古人就使用防火绝缘的大青石建造避雷室。

②建筑选址有讲究。古建筑大多居高面南，前临溪谷低地，后靠丘陵大山。由于雷电倾向于通过突出地表的物体释放电荷，因此孤立的山峰、高地或

高大建筑物更易成为雷击的目标。而背山（如靠山或丘陵）可削弱强对流气流的抬升作用，从而减少雷暴的形成；面水（如河流、湖泊）则因水体导电性较好，可分散电荷并降低局部电场强度，从而减少雷击的概率。例如北京的故宫，北倚景山，南临金水河，既符合风水“藏风聚气”，又能通过地形减少雷击风险。

③使用金属屋顶。古时候的道观寺庙，屋顶鎏金铜瓦起到了避雷的作用，最具代表性的就是布达拉宫了。

④加装避雷装置。宋元明清时期的建筑物，多使用雷公柱和脊兽，也叫吻兽、鸱（chī）吻。特别是屋顶正脊上的吻兽，相对容易被雷电击中，而且它们一般是琉璃或陶制的，即使遭到雷击也不易起火，避免了建筑主体的破坏，达到失小保大的目的。像故宫太和殿，是唯一拥有最多十只脊兽的宫殿。你知道这十只脊兽的名字吗？一龙二凤三狮子，海马天马六狎（xiá）鱼，狻猊（suān ní）獬豸（xiè zhì）九斗牛，最后行什像个猴。

雷电

第五章 冰雹

一 冰雹灾害

冰雹和雨、雪一样，是一种降水天气现象。冰雹往往不会单独出现，而是伴随着狂风、暴雨和雷电。冰雹的直径一般在 5 ～ 50 毫米，最大的可超过 10 厘米，直径越大，其破坏力越强，常常会砸坏农作物、损坏建筑物等，威胁人畜安全，是一种灾害性极强的特殊天气现象。

2011 年 4 月 17 日中午，广州市南沙区出现了历史上罕见的恶劣天气。狂风暴雨夹杂着密集的冰雹袭击了珠江街，灾害天气造成 3 人死亡、留院检查治疗 23 人（其中 7 人骨折，其他为一般性挫伤），3327 公顷农田受灾。

2011 年 4 月 17 日广州市南沙区珠江街出现冰雹

据记载，除珠江街和南沙街外，大岗镇、榄核镇、横沥镇和龙穴街都曾出现过冰雹。2024 年 3 月 30 日，榄核镇在一天之内还出现了两次冰雹。

二 认识冰雹

冰雹是一种固态降水，人们还会叫它“雹子”“冷子”。冰雹可大可小，可圆可扁，有的像绿豆、黄豆，有的像板栗、鸡蛋，有的堪比成人的拳头，其大小、形状的不同与冰雹的形成原因有直接关系。

人们对冰雹的观测和记录由来已久。早在殷商时期，甲骨文中就有冰雹等天气现象的记载。西周夷王时期出现过的一次大冰雹事件被记录在《竹书纪年》中：“夷王七年，冬，雨雹，大如砺。”

冰雹多在春、夏季出现，春季出现冰雹灾害的频率会更高，而且强度也会更大。据统计，南沙区的冰雹主要出现在 3 月和 4 月，这是因为春季冷、暖空气交汇更为频繁，气温相对更低，有利于形成冰雹，而盛夏时期气温会比较高，冰晶粒子还没有正式落到地面就已经被融化掉了。

冰雹预警信号

冰雹橙色预警信号

6 小时内将出现或者已经出现冰雹，并可能造成雹灾。

冰雹红色预警信号

2 小时内出现冰雹的可能性极大或者已经出现冰雹，并可能造成重雹灾。

三 如何避险

1. 冰雹天气不要外出，待在家中。

2. 妥善安置易受冰雹影响的室外物品。

3. 如在室外突然遇到冰雹的袭击，一定要迅速进入室内或到坚固的遮挡物下躲避，不要进入孤立的棚屋、岗亭等建筑物或者大树底下。如果附近没有合适的遮挡物，应背着风蹲下，双手抱头或将书包等放在头顶，尽量保护头部、胸和腹部不受到袭击。

四 拓展阅读

为什么有谚语说“雨打一大片，雹打一条线”呢？

这和产生冰雹的云有直接的关系。因为冰雹产生于积雨云中上升气流最强的地方，而这样的地方在积雨云中通常只有两三千米的宽度，使得降雹的地方不会超过三千米。而积雨云下雨和移动的范围可达几十千米，这样冰雹就下在了宽两三千米、长几十千米的狭长地带里，从而有了“雹打一条线”的说法。

冰雹

第六章 龙卷

一 龙卷灾害

龙卷的风速很大，所到之处会拔起大树、掀翻车辆、摧毁建筑物，有时还能把人卷走，危害十分严重。龙卷出现在陆地上时，卷扬尘土，卷走房屋、树木等，称为“陆龙卷”；发生在海上，犹如“龙吸水”的现象，称为“水龙卷”。

2018 年 6 月 8 日 01 时 40 分前后，受台风“艾云尼”外围环流影响，广州市南沙区横沥镇出现了龙卷，建筑工地板房被摧毁。经灾情调查并结合现场灾情指示物（铁皮厂房、工棚、电线杆、树木等）的受损情况，判定此次龙卷破坏程度达到中等级别，相当于 EF1 级。

广州市南沙区横沥镇水泥电线杆被龙卷吹倒

龙卷过后的板房区

工棚全部被摧毁

吹倒的大树砸中路边停放的小汽车

二　认识龙卷

龙卷形状如漏斗，移速极快，通常可达 50 ～ 150 米 / 秒，极端情况下可达 300 米 / 秒，破坏力惊人，是自然界里名副其实的破坏狂。龙卷上端与雷雨云相接，下端悬在半空中或者延伸到地面或水面，远远看去，像一个摆动的大象鼻子。

龙卷的水平尺度不大，靠近地面的一端直径通常只有几米到几百米；持续时间也不长，一般只有几分钟到几十分钟，最多不超过几小时。龙卷不会经常出现，中国的龙卷通常在5—9月出现，以华东、华南地区居多。年平均龙卷数量最多的省份是江苏，其次是广东（4.8个）。一天里，龙卷出现概率最高的时段是午后，这和午后强对流天气多发有关。

龙卷尺度小、发生突然、难以捕捉，所以龙卷的等级通常是事后判断定级。龙卷结束后，通过现场勘测它的破坏程度，可确定这场龙卷的等级。国际通用的增强藤田级数（Enhanced Fujita Scale，EF-scale）是美国国家气象局（NWS）于2007年推出的龙卷强度评估标准。EF-scale基于风速估算和破坏指标，分为6个等级，即EF0～EF5。

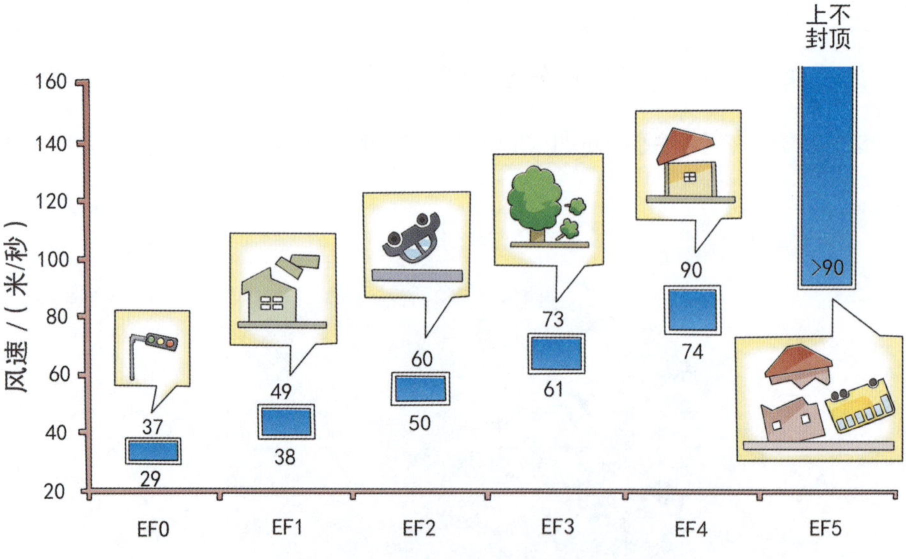

增强藤田级数（EF-scale）

我国依据《龙卷强度等级》（GB/T 40243—2021），在判定龙卷发生的基础上，以其发生时阵风风速最大值为指标，将龙卷强度划分为弱、中、强、超强4个等级。龙卷强度等级与增强藤田级数（EF-scale）存在如下对应关系："弱"对应EF0及其以下；"中"对应EF1；"强"对应EF2、EF3；"超强"对应EF4、EF5。

龙卷强度等级

等级	阵风风速最大值 /（米 / 秒）	致灾程度
弱	≤ 38	轻度
中	38 ～ 49	中等
强	49 ～ 74	严重
超强	＞ 74	毁灭性

龙卷是大气不稳定造成的。在发展强烈的雷暴云中，空气会猛烈上升，空气上升以后，云底部中间的气压会变得很低，此时四周的空气就会很快地向中间填补，结果导致气流急速逆时针旋转形成小涡旋，涡旋越转越细，越转越快，产生一个上升气流并向下伸展，形成龙卷核心。当涡旋的旋转速度不断加快，这股旋转的气流变得越来越细，并且像大象鼻子一样伸到地面时，在地面产生非常强的旋转风，这样一个强大的龙卷就诞生了。龙卷中心为下沉气流，四壁为极强的上升气流。

三 如何避险

1. 立刻离开危险房屋、活动场所或其他简易临时建筑物，到附近比较坚固的房屋内躲避，最安全的地方是混凝土建筑的地下室空间或场所（如地铁或地下室）。

2. 在家中没有地下室，应远离门窗，可以选择与龙卷移动相反方向的角落或比较坚固的小房间抱头蹲下，保护好自己的头部，有条件的话可躲到结实的桌子、工作台或者床下。

3. 如在汽车中，应及时离开汽车，到低洼地躲避，采取最安全姿势，跪下来，蜷伏在膝盖上，全力前倾并将双手置于脑后。

4. 在野外遇到龙卷时，应沿龙卷移动路径的垂直方向迅速离开，伏于低洼地面、沟渠等处，同时要远离大树、电线杆、广告牌、围墙等，以免被压或发生触电事故。

四 拓展阅读

小实验：一起制作龙卷

实验材料： 两个透明瓶子、垫圈、胶布、水、食用色素、发光物。

实验步骤： 首先，往一个瓶子里装水，水的体积占瓶子容积的三分之二，再加入几滴食用色素和一些发光物（代表残骸），把垫圈粘到装着水的瓶子上，保证垫圈上的洞是未封上的，把空塑料瓶倒置在装着水的瓶子上，把两个瓶子紧紧地粘到一起，胶布在瓶颈上缠绕几圈，确保水不会漏出来，把这个装置颠倒过来，让装水的瓶子在上，手握瓶子，按圆形轨迹摇晃瓶子，观察水的运动状态（龙卷）。

第七章 高温

一 高温灾害

长时间持续的高温天气称为高温热浪。高温热浪使人们的生理、心理不能适应，容易诱发中暑、热射病等疾病。高温还容易导致火灾、城市水电供应紧张等。

高温引发的疾病中最常见的是中暑，其中重症中暑称为热射病，是一种致命性的急症。热射病主要是由于人体长期暴露在高温、高湿、无风的环境下，持续闷热使人的皮肤散热功能下降，体内热量不能散发，造成体温过高，进而引起头晕、胸闷、乏力等一系列严重的症状。

中暑症状

连续高温天气会导致火灾甚至森林火灾发生。高温天气时，轻纺、化纤、橡胶等行业的部分原材料或产品，特别是易燃易爆物品，在使用、保存过程中容易自燃起火，造成火灾。2005 年 7 月，广州市连续发生多起汽车自燃事件。

高温天气还容易导致城市水电供应紧张。无论是在公共场所或是在家庭环境中，由于人们使用空调、电扇、加湿器等电器的时间都会明显增加，导致耗电量剧增。除了用电方面，高温期间工农业生产、居民生活用水量也会急剧增加，增大了供水压力。

二 认识高温

高温，顾名思义是指气温高的一种天气现象。气象学上将日最高气温达到或超过 35 ℃称为高温日。高温热浪又称高温酷暑，通常指连续多天 35 ℃或以上的高温天气。

高温分为两类：一种是干热型高温，空气湿度小；另一种是闷热型高温，空气湿度大。相同温度下，湿度越大，体感温度越高。举个例子，当气温为 35 ℃、相对湿度为 30% 时人的体感温度基本上就是 35 ℃；但当相对湿度达到 60% 时，人的体感温度可能达到甚至超过 40 ℃。因此，湿度大的闷热型高温让人感觉更热、更难熬。广州的高温大多是闷热型高温。

三　如何避险

1. 适当降温，做好室内通风。使用空调、电风扇降低室内温度，空调建议控制在 26 ～ 28 ℃，室内外温差尽量不要超过 8 ℃。注意定时打开门窗通风换气，保持室内空气流通。

2. 适当的衣着，降低体感温度。尽量穿宽松、质地轻、颜色浅的衣服。颜色浅的衣服吸收热量相对较少；宽松的衣服有助于排汗和散热。

3. 做好防晒措施。高温天气应尽量避免在强烈阳光下进行户外活动，特别是午后高温时段。

4. 在高温环境下出现头痛、头晕、恶心、口渴、多汗、发热等中暑症状时，应立即到阴凉通风处，并口服淡盐水。若突然出现高热、晕倒、抽搐或昏迷等症状，应立即就医。

高温预警信号

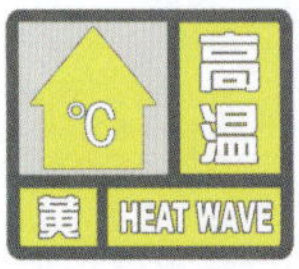

高温黄色预警信号

天气闷热，24 小时内最高气温将升至 35 ℃或者已经达到 35 ℃以上。

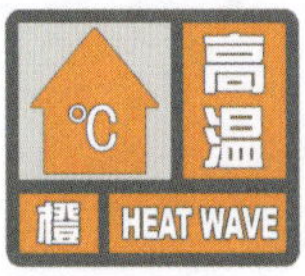

高温橙色预警信号

天气炎热，24 小时内最高气温将升至 37 ℃以上或者已经达到 37 ℃以上。

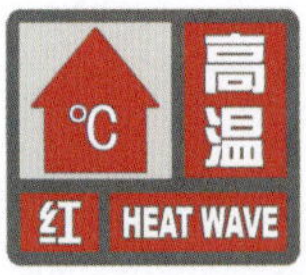

高温红色预警信号

天气酷热，24 小时内最高气温将升至 39 ℃以上。

四 拓展阅读

你知道古人如何消暑吗?

在没有空调和电风扇的古代，除了必备的扇子之外，“竹夫人”是一般人家的夏日必备品，抱着“竹夫人”睡觉可以消暑。其他纳凉用的竹制品还有竹屋、竹凳、竹床等。古人还喜欢在床头安放石枕、玉枕，北宋曾一度非常流行瓷枕，有的还会在上面题字，意趣十足。古代科技尚不发达，但刘禹锡在《刘驸马水亭避暑》中描绘过的“自雨亭”已经很有科技含量了，它的工作原理是：亭子傍水而建，利用水车等机械结构将水引到屋顶，水沿着屋檐落下形成水帘，凉水上下循环，带走蒸腾的暑气，降温的同时也形成了独特的建筑美学。除了“自雨亭”，唐朝还发明了著名的“含凉殿”，含凉殿内、外设置了许多水车，流水激起扇叶转动，冰凉的水汽和冷风就被送入殿内，堪称是那个时代的“中央空调”。宋朝的诗词中也有“君不见长安公侯家，六月不如暑。扇车起长风，冰槛沥寒雨”，可见这种消暑方法主要还是大户人家享用。

世界吉尼斯之最——最大的立体造型温度计

它位于我国新疆吐鲁番火焰山风景区的地宫中心，这个落成于 2004 年 8 月 16 日的立体造型温度计，名为“金箍棒”，曾获世界吉尼斯纪录。该温度计高 12 米，直径 0.65 米，温度显示高 5.4 米，可以实测 100 ℃以内的地表温度、空气温度，误差不超过正负 0.5 ℃。

第八章 低温

一 低温灾害

低温天气常出现在冬半年（9 月—次年 5 月），这段时间冷空气活动特别频繁、强盛。冷空气南下，造成大范围的剧烈降温，有时还会出现雨雪冰冻灾害，低温会导致农作物遭受冷害或冻害，冰雪也会给交通出行带来不利影响。

2016 年 1 月广东遭受了一次罕见的低温雨雪冰冻天气过程，除了剧烈降温和大风外，大部分地区还出现了雪、雨夹雪、霰（白色不透明的圆锥形或球形的颗粒固态降水，直径 2 ～ 5 毫米，下降时常呈阵性，着硬地常反跳，松脆易碎）等固态降水。1 月 24 日，受寒潮影响，南沙区降小雨，并伴有霰，南沙气象探测基地录得最低气温 2.2 ℃。

车前挡风玻璃上的霰

2010 年 12 月 15—18 日，南沙区在寒潮天气过程中出现 3.8 ℃的低温。12 月 18 日早晨，南沙气象探测基地观测到霜冻。

南沙气象探测基地观测到霜冻

二　认识低温

低温天气在冷空气的影响下出现，冷空气是指能使所经地点气温下降的空气。也就是说，位于低温区的空气称为冷空气（或称冷气团）。冷气团多数在极地与西伯利亚大陆上形成，其范围纵横数千千米，厚度几千米到几十千米。冷气团过境会使气温迅速下降，带来雨、雪等天气。

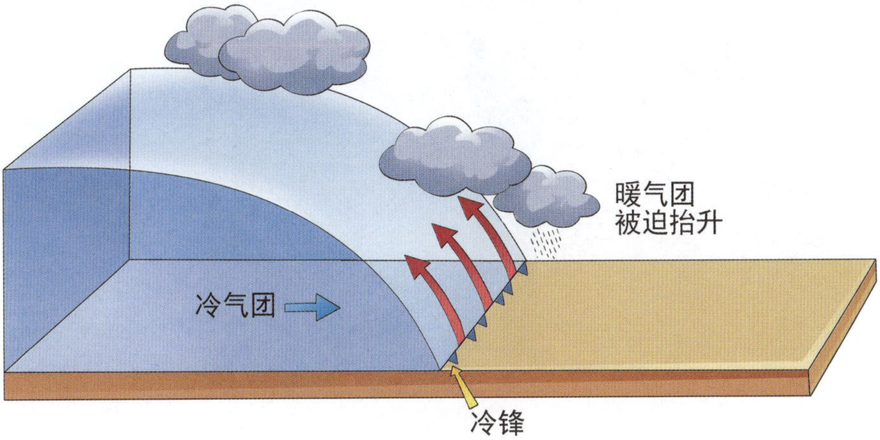

三 如何应对

1. 注意添衣保暖，特别是要注意手、脚、头部的保暖。

2. 寒潮的到来多伴有大风，外出应远离高大建筑物、大（枯）树、广告牌等，以免被吹落的物体、树枝砸伤。

3. 如果地面湿滑或者出现冰冻，要小心慢行。

4. 采用煤炉取暖的家庭要注意通风，以防煤气中毒。

寒冷预警信号

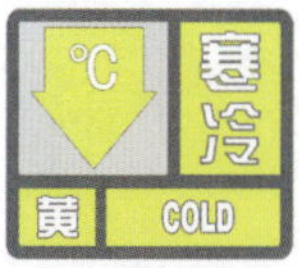

寒冷黄色预警信号

预计因冷空气侵袭，当地气温在 24 小时内急剧下降 10 ℃以上，或者日平均气温维持在 12 ℃以下。

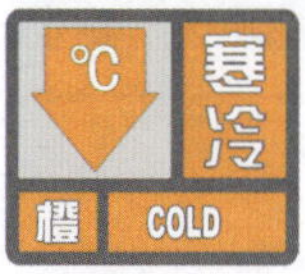

寒冷橙色预警信号

预计因冷空气侵袭，当地最低气温将降到 5 ℃以下，或者日平均气温维持在 10 ℃以下。

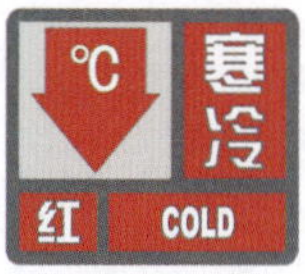

寒冷红色预警信号

预计因冷空气侵袭，当地最低气温将降到 0 ℃以下，或者日平均气温维持在 5 ℃以下。

四　拓展阅读

“回南天”是南方沿海地区一种独特的天气现象。每年 2—3 月，长期在冷空气影响下的华南地区基础温度较低，如果遇上了由南北上的暖湿气流，物体表面就会凝结产生许多小水珠，我们把这种现象叫作“回南天”。

打一个比方，在夏天，如果你从冰箱里拿出一瓶冰饮料的话，很快在饮料瓶的外壁上就会挂满水珠，好像冒汗了一样。“回南天”的原理与此类似。所以简单来说，形成“回南天”需要三个要素：冷而光滑的物体、温暖的空气、空气中充足的水汽，三者碰到一起，就会凝结出水滴来，缺一不可。

小实验：回南天

（1）取两罐未开启的饮料，一罐放在常温环境中，另一罐放入冰箱冷冻室。

（2）一段时间后，把两罐饮料都放置在桌子上，观察并记录两个罐子外壁出现的现象。

实验对象	冰冻与否	外壁状态
罐子 1		
罐子 2		

第九章 雾和霾

一 雾和霾的灾害

（一）对人体健康的影响

霾天，空气的污染物浓度比平时要高得多，各种酸、碱、盐、胺、酚、尘埃、病原微生物等有害物质，直接被吸入人体并黏附沉积在呼吸道和肺泡中，容易引起急性鼻炎、急性支气管炎、支气管哮喘、慢性支气管炎等疾病，还会导致到达地面紫外线的减弱，使空气中的传染性病菌的活性增强，导致传染病流行风险升高。

（二）对交通的影响

雾和霾天，空气中悬浮的大量小水滴或尘埃，会导致能见度降低，使司机难以看清前方路况；空气中的小水滴与路面的灰尘混合，附着于轮胎和路面上，减小了轮胎和路面间的摩擦系数，容易出现车辆打滑等现象，也会增加交通事故发生的风险。

二 认识雾和霾

秋冬季是雾和霾的多发期，因为这时气温较低，空气静稳且湿度大。雾和霾在气象上属于两种天气现象，具有本质上的区别。但雾和霾常常组合出现，让人分不清楚。

雾和霾最根本的是成分不同。雾是自然的面纱，主要由水汽凝结而成，一般呈乳白色，使水平能见度小于 1 千米的现象。雾和云的本质是一样的，它们的区别仅仅在于是否接触地面，接触地面的叫雾，厚度只有几十米到 200 米，在空中的就叫云，人们常说“云为空中之雾，雾为地上之云”就是这个意思。而霾则是大量极细微的干尘粒等均匀地浮游在空中，使空气普遍浑浊的现象，通常是黄黄的，水平能见度小于 10 千米，厚度可达 1 ～ 3 千米。如果用显微镜来看，雾滴的直径会远远大于霾中大气污染物的直径。正是由于成分的不同，雾和霾在颜色、厚度、持续时间上都存在区别。雾多出现在午夜到清晨，白天随着气温升高会逐渐消散；霾则可能全天持续。霾是污染性的，雾虽然不一定有污染性，但却能窝藏着污染物，不过两者却能互相转化。简单来说，湿时多是雾，干时常是霾。当空气相对湿度大于 95% 的时候，多是雾；当相对湿度小于 80% 时，多是霾。

三 如何应对

1. 霾天空气质量差，应尽量减少户外活动，特别是不要做剧烈活动。

2. 在户外时最好戴上口罩、围巾等，保护好皮肤、咽喉、关节等部位，减少吸入有毒颗粒物，降低呼吸道疾病的发生概率。

3. 雾和霾天能见度均较低，外出时关注路况，注意交通安全。

大雾预警信号

大雾黄色预警信号

12 小时内将出现能见度小于 500 米的雾，或者已经出现能见度小于 500 米、大于或等于 200 米的雾且将持续。

大雾橙色预警信号

6 小时内将出现能见度小于 200 米的雾，或者已经出现能见度小于 200 米、大于或等于 50 米的雾且将持续。

大雾红色预警信号

2 小时内将出现能见度低于 50 米的雾，或者已经出现能见度低于 50 米的雾且将持续。

灰霾预警信号

灰霾黄色预警信号

12 小时内将出现灰霾天气，或者已经出现灰霾天气且将持续。

四 拓展阅读

小实验：发现雾和霾的区别

实验材料： 两个带盖子的玻璃罐、热水、蚊香。

实验步骤： 向两个玻璃罐中加入热水，盖上盖子，气体进入瓶中后遇冷会凝结成小水滴，并悬浮在瓶中，气体像云雾一样慢慢飘动。向其中一个罐子注入蚊香的烟，罐内云雾变浓，观察颜色变化。

实验原理： 霾和雾，宏观上的区别主要在于空气相对湿度。微观构成上，霾是固态的细小颗粒物（污染物），雾是液态小水滴或固态小冰晶（水）。

附录 1 天气预报时效用语

如今，大家获取天气预报的途径多种多样，无论是电视天气预报或是手机天气 APP，天气预报的展示越来越通俗，传播也越来越广泛。不过，由于天气预报在媒体中播报的时间一般为 2 ～ 3 分钟，所以，发布天气预报时要求语言凝练、言简意赅。同时，为了避免歧义，用语也尽量统一，因此，就出现了一批天气预报标准用语。

先来测试一下：今天白天、下午到夜里、今天夜里、夜里起、午后到上半夜、今天白天到夜间，这些时间段具体是从几点到几点呢，你知道吗？

一起对照天气预报、预警中经常使用的预报时效用语对应表来了解一下天气预报、预警究竟在提醒我们注意哪个时间段的天气。

天气预报、预警中经常使用的预报时效用语及对应的具体时段

预报时效用语	具体时段
凌晨	01—05 时
早上	05—08 时
上午	08—12 时
中午	11—14 时
下午	14—18 时
傍晚	18—20 时
晚上	20 时—次日 05 时
今天白天	08—20 时

（续表）

预报时效用语	具体时段
下午到夜里	14 时—次日 05 时
今天夜里	20 时—次日 05 时
夜里起	23 时起
午后到上半夜	12—24 时
今天白天到夜间	08—24 时
今天夜里到明天白天	20 时—次日 20 时
今天夜里到明天	20 时—后天 08 时

附录 2 天气预报用语

弄懂一些天气预报、预警中的常见词汇，你会更能了解天气预报传达的具体信息。例如,“天气”是指短时间(几分钟到几天)发生的气象现象，如晴雨、雷电、冰雹、台风、寒潮、大风等。“灾害天气”通常指能致灾的天气，如旱、涝、高温热浪、低温冰冻等。

天气预报中常常出现“雨量”和“雨强”。“雨量”，指一次降水过程或一段时间的总雨量。一次降水过程，可能下几个小时，也可能下三五天，所以有了“过程雨量”这个说法，用来说明这次降水过程的累计雨量。而“雨强”则是指单位时间内（一般是一个小时）雨量的多少，更加突出地表达了降水的“强度”，与致灾可能性关系更大。比如，3 天下 100 毫米的雨量与 1 个小时就下 60 毫米的雨量，对于生产、生活的影响程度是明显不同的。前者的强度明显小于后者，一般而言，造成的影响也会小于后者。现在的预报中，“雨强”这个术语用得越来越频繁了，可以依据预报的雨强，提前制订相应的防范措施。

天气预报在预报降水时，常常会用“局地性”“分散性降水”等说法。这是因为自然界中的降水常常不是整个预报区域都下雨，而是有若干个相对小的范围会下雨。主要用来提示这次降水是分散的、不均匀的。

天气预报中另外一个常见的说法是“阵雨”。预报有阵雨，意思就是有“一阵一阵的雨”“下一阵就能停的雨”。

掌握了上述用语后，应用天气预报的信息就更加得心应手了。

附录 3 广州市南沙区气候概况

广州市南沙区地处低纬，濒临海洋，位于大陆气团和海洋气团的交界处，属于南亚热带季风性海洋气候，天气气候较为复杂，四季气候可概括为夏无酷热、冬无严寒、春常阴雨、秋高气爽，主要气象灾害包括热带气旋(台风)、暴雨、雷电、高温、低温阴雨、冰雹等。

广州市南沙区年平均气温 23.4 ℃，最冷月（通常是 1 月）平均气温 11.2 ℃，最热月（通常是 7 月）平均气温 30.6 ℃，历年极端最高气温 39.3 ℃（2023 年 7 月 15 日），极端最低气温 2.2 ℃(2016 年 1 月 24 日)。雨量充沛，但分布不均，降水相对集中在汛期。年平均降水量 1748.9 毫米，其中 4—9 月降水量 1388.8 毫米，约占全年降水量的 79%。年暴雨日数 7.2 天。年平均相对湿度 72%。年平均风速 2.7 米 / 秒，春夏季盛行东南偏南风，秋冬季盛行偏北风。夏秋季平均每年有 3 ～ 4 个热带气旋（台风）影响南沙区。

附录 4 广东省气象灾害预警信号

一 台风预警信号

台风预警信号分五级，分别以白色、蓝色、黄色、橙色和红色表示。

（一）台风白色预警信号

图标：

含义：48 小时内将受台风影响。

防御指引：

1. 进入台风注意状态，警惕台风对当地的影响。

2. 注意通过气象信息传播渠道了解台风的最新情况。

（二）台风蓝色预警信号

图标：

含义： 24 小时内将受台风影响，平均风力可达 6 级以上，或者阵风 8 级以上；或者已经受台风影响，平均风力为 6 ～ 7 级，或者阵风 8 ～ 9 级并将持续。

防御指引：

1. 进入台风戒备状态，做好防御台风准备。

2. 注意了解台风最新消息和政府及有关部门防御台风通知。

3. 加固门窗和板房、铁皮屋、棚架等临时搭建物，妥善安置室外搁置物和悬挂物。

4. 海水养殖、海上作业人员应当适时撤离，船舶应当及时回港避风或者采取其他避风措施。

（三）台风黄色预警信号

图标：

含义： 24 小时内将受台风影响，平均风力可达 8 级以上，或者阵风 10 级以上；或者已经受台风影响，平均风力为 8 ～ 9 级，或者阵风 10 ～ 11 级并将持续。

防御指引：

1. 进入台风防御状态，密切关注台风最新消息和政府及有关部门发布的防御台风通知。

2. 中小学校、幼儿园、托儿所应当停课，未启程上学的学生不必到校上课；上学、放学途中的学生应当就近到安全场所暂避或者在安全情况下回家；学校应当妥善安置在校（含校车上、寄宿）学生，在确保安全的情况下安排学生离校回家。

3. 居民应当关紧门窗，妥善安置室外搁置物和悬挂物，尽量避免外出；处于危险地带和危房中的人员应当及时撤离，确保留在安全场所。

4. 停止户外集体活动，停止高空等户外作业。

5. 滨海浴场、景区、公园、游乐场应当适时停止营业，关闭相关区域，组织人员避险。

6. 海水养殖、海上作业人员应当撤离，回港避风船舶不得擅自离港，并做好防御措施。

7. 相关应急处置部门和抢险单位加强值班，实时关注灾情，落实应对措施。

（四）台风橙色预警信号

图标：

含义：12 小时内将受台风影响，平均风力可达 10 级以上，或者阵风 12 级以上；或者已经受台风影响，平均风力为 10 ～ 11 级，或者阵风 12 级以上并将持续。

防御指引：

1. 进入台风紧急防御状态，密切关注台风最新消息和政府及有关部门发布的防御台风通知。

2. 中小学校、幼儿园、托儿所应当停课，学校应当妥善安置寄宿学生。

3. 居民避免外出，确保留在安全场所。

4. 停止室内大型集会，立即疏散人员。

5. 滨海浴场、景区、公园、游乐场应当停止营业，迅速组织人员避险。

6. 加固港口设施；落实船舶防御措施，防止走锚、搁浅和碰撞。

7. 相关应急处置部门和抢险单位密切监视灾情，做好应急抢险救灾工作。

（五）台风红色预警信号

图标：

含义：12 小时内将受或者已经受台风影响，平均风力可达 12 级以上，或者已达 12 级以上并将持续。

防御指引：

1. 进入台风特别紧急防御状态，密切关注台风最新消息和政府及有关部门发布的防御台风通知。

2. 中小学校、幼儿园、托儿所应当停课，学校应当妥善安置寄宿学生；建议用人单位停工（特殊行业除外），并为滞留人员提供安全的避风场所。

3. 居民切勿外出，确保留在安全场所。

4. 当台风中心经过时风力会减小或者静止一段时间，应当保持戒备和防御，以防台风中心经过后强风再袭。

5. 相关应急处置部门和抢险单位严密监视灾情，做好应急抢险救灾工作。

二 暴雨预警信号

暴雨预警信号分三级，分别以黄色、橙色、红色表示。

（一）暴雨黄色预警信号

图标：

含义： 6 小时内本地将有暴雨发生，或者已经出现明显降雨，且降雨将持续。

防御指引：

1. 进入暴雨戒备状态，关注暴雨最新消息。
2. 中小学校、幼儿园、托儿所应当采取适当措施，保证学生和幼儿安全。
3. 驾驶人员应当注意道路积水和交通阻塞，确保安全。
4. 做好低洼、易涝地区的排水防涝工作。

（二）暴雨橙色预警信号

图标：

含义： 在过去的 3 小时，本地降雨量已达 50 毫米以上，且降雨将持续。

防御指引：

1. 进入暴雨防御状态，密切关注暴雨最新消息。
2. 学生可以延迟上学；上学、放学途中的学生应当就近到安全场所暂避。

3. 暂停户外作业和活动，尽可能留在安全场所暂避。

4. 行驶车辆应当尽量绕开积水路段及下沉式立交桥，避免穿越水浸道路，避免将车辆停放在低洼易涝等危险区域。

5. 相关应急处置部门和抢险单位应当加强值班，密切监视灾情，对积水地区实行交通疏导和排水防涝；转移危险地带和危房中的人员到安全场所暂避。

6. 对低洼地段室外供用电设施采取安全防范措施。

7. 注意防范暴雨可能引发的内涝、山洪、滑坡、泥石流等灾害。

（三）暴雨红色预警信号

图标：

含义：在过去的 3 小时，本地降雨量已达 100 毫米以上，且降雨将持续。

防御指引：

1. 进入暴雨紧急防御状态，密切关注暴雨最新消息和政府及有关部门发布的防御暴雨通知。

2. 中小学校、幼儿园、托儿所应当停课，未启程上学的学生不必到校上课；上学、放学途中的学生应当在安全情况下回家或者就近到安全场所暂避；学校应当保障在校（含校车上、寄宿）学生的安全。

3. 停止户外作业和活动，人员应当留在安全场所暂避；危险地带和危房中的人员应当撤离。

4. 地铁、地下商城、地下车库、地下通道等地下设施和场所的经营管理单位应当采取有效措施避免和减少损失，保障人员安全。

5. 对低洼地段室外供用电设施采取安全防范措施。

6. 行驶车辆应当就近到安全区域暂避，避免将车辆停放在低洼易涝等危险区域，如遇严重水浸等危险情况应当立即弃车逃生。

7. 相关应急处置部门和抢险单位应当严密监视灾情，做好暴雨及其引发的内涝、山洪、滑坡、泥石流等灾害应急抢险救灾工作。

三 高温预警信号

高温预警信号分三级，分别以黄色、橙色、红色表示。

（一）高温黄色预警信号

图标：

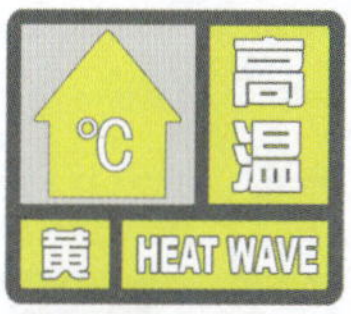

含义：天气闷热，24 小时内最高气温将升至 35 ℃或者已经达到 35 ℃以上。

防御指引：

1. 注意防暑降温。

2. 避免长时间户外露天作业或者在高温条件下作业。

3. 加强防暑降温保健知识的宣传。

（二）高温橙色预警信号

图标：

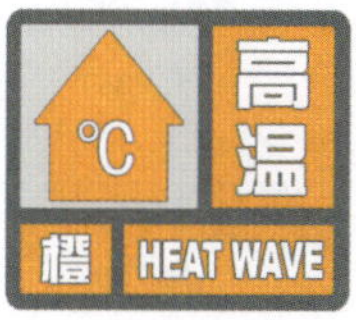

含义：天气炎热，24 小时内最高气温将升至 37 ℃以上或者已经达到 37 ℃以上。

防御指引：

1. 做好防暑降温，高温时段尽量避免户外活动，暂停户外露天作业。

2. 注意防范因电线、变压器等电力设备负载过大而引发火灾。

3. 注意作息时间，保证睡眠，必要时准备一些常用的防暑降温药品。

4. 有关单位落实防暑降温保障措施，提供防暑降温指导，有条件的地区开放避暑场所。

5. 有关部门应当加强食品卫生安全监督检查。

（三）高温红色预警信号

图标：

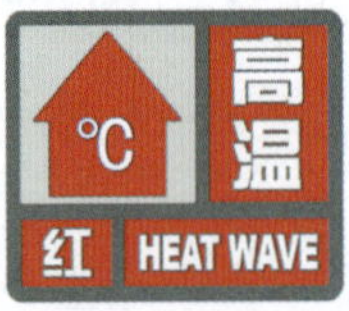

含义：天气酷热，24 小时内最高气温将升至 39 ℃以上。

防御指引：

1. 采取有效措施防暑降温，白天尽量减少户外活动。

2. 对老、弱、病、幼、孕人群采取保护措施。

3. 除特殊行业外，停止户外露天作业。

4. 单位和个人要特别注意防火。

5. 有关单位按照职责采取防暑降温应急措施，有条件的地区开放避暑场所。

四 寒冷预警信号

寒冷预警信号分三级，分别以黄色、橙色、红色表示。

（一）寒冷黄色预警信号

图标：

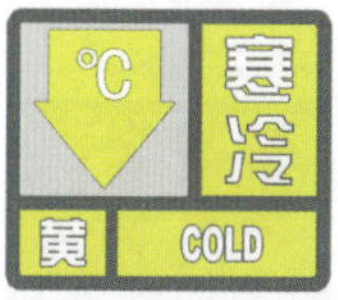

含义：预计因冷空气侵袭，当地气温在 24 小时内急剧下降 10 ℃以上，或者日平均气温维持在 12 ℃以下。

防御指引：

1. 关注寒冷天气最新消息和政府及有关部门发布的防御寒冷通知。
2. 注意做好防寒和防风工作，居民适时添衣保暖。

（二）寒冷橙色预警信号

图标：

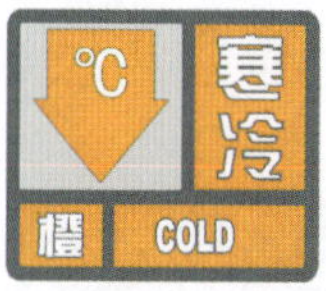

含义：预计因冷空气侵袭，当地最低气温将降到 5 ℃以下，或者日平均气温维持在 10 ℃以下。

防御指引：

1. 密切关注寒冷天气最新消息和政府及有关部门发布的防御寒冷通知。
2. 居民尤其是老、弱、病、幼、孕人群做好防寒保暖工作。

3. 采取防寒救助措施，适时开放避寒场所。

4. 做好牲畜、家禽的防寒防风，对热带、亚热带水果及有关水产、农作物等采取防寒措施。

5. 高寒地区应当采取防霜冻、冰冻措施。

（三）寒冷红色预警信号

图标：

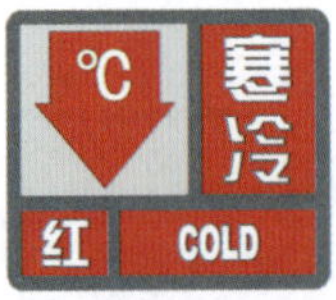

含义：预计因冷空气侵袭，当地最低气温将降到 0 ℃以下，或者日平均气温维持在 5 ℃以下。

防御指引：

1. 密切关注寒冷天气最新消息和政府及有关部门发布的防御寒冷通知。

2. 居民尤其是老、弱、病、幼、孕人群加强防寒保暖工作。

3. 采取防寒救助措施，开放避寒场所。

4. 农业、林业、水产业、畜牧业、交通运输、供电等单位应当采取防寒防冻措施。

5. 相关应急处置部门和抢险单位应当做好灾害应急抢险救灾工作。

五　大雾预警信号

大雾预警信号分三级，分别以黄色、橙色、红色表示。

（一）大雾黄色预警信号

图标：

含义：12 小时内将出现能见度小于 500 米的雾，或者已经出现能见度小于 500 米、大于或等于 200 米的雾且将持续。

防御指引：

1. 驾驶人员注意安全，小心驾驶。

2. 机场、轨道交通、高速公路、港口码头等经营管理单位加强管理，保障安全。

3. 户外活动注意安全。

（二）大雾橙色预警信号

图标：

含义：6 小时内将出现能见度小于 200 米的雾，或者已经出现能见度小于 200 米、大于或等于 50 米的雾且将持续。

防御指引：

1. 驾驶人员应当控制车、船行驶速度，确保安全。

2. 机场、轨道交通、高速公路、港口码头等经营管理单位采取有效措施，加强调度指挥，保障安全。

3. 减少户外活动。

（三）大雾红色预警信号

图标：

含义：2 小时内将出现能见度低于 50 米的雾，或者已经出现能见度低于 50 米的雾且将持续。

防御指引：

1. 有关单位按照行业规定适时采取交通安全管制措施，如机场暂停飞机起降、高速公路暂时封闭、轮渡暂时停航等。

2. 各类机动交通工具采取有效措施保障安全。

3. 驾驶人员采取合理行驶方式，并尽快寻找安全停放区域停靠。

4. 避免户外活动。

六　灰霾天气预警信号

灰霾预警信号，以黄色表示。

图标：

含义：12 小时内将出现灰霾天气，或者已经出现灰霾天气且将持续。

防御指引：

1. 驾驶人员注意安全，小心驾驶。

2. 机场、高速公路、港口码头等经营管理单位采取措施，保障安全。

3. 居民需适当防护，减少户外活动，建议中小学校、幼儿园、托儿所适时停止户外活动。

七 雷雨大风预警信号

雷雨大风预警信号分三级，分别以黄色、橙色、红色表示。

（一）雷雨大风黄色预警信号

图标：

含义：6 小时内本地将受雷雨天气影响，平均风力可达 6 级以上，或者阵风 8 级以上，并伴有强雷电；或者已经受雷雨天气影响，平均风力达 6 ～ 7 级，或者阵风 8 ～ 9 级，并伴有强雷电，且将持续。

防御指引：

1. 关注雷雨大风最新消息和有关防御通知，做好防御大风、雷电工作。

2. 及时停止户外集体活动，停止高空等户外作业。

3. 居民应当关紧门窗，妥善安置室外搁置物和悬挂物，尽量避免外出，留在有雷电防护装置的安全场所暂避。

4. 公园、景区、游乐场等户外场所应当做好防护措施，确保人员安全。

5. 采取必要措施，保障易受雷击的设备设施和场所的安全。

6. 机场、轨道交通、高速公路、港口码头等经营管理单位应当采取措施，保障安全。

（二）雷雨大风橙色预警信号

图标：

含义： 2 小时内本地将受雷雨天气影响，平均风力可达 8 级以上，或者阵风 10 级以上，并伴有强雷电；或者已经受雷雨天气影响，平均风力为 8～9 级，或者阵风 10～11 级，并伴有强雷电，且将持续。

防御指引：

1. 密切关注雷雨大风最新消息和有关防御通知，迅速做好防御大风、雷电工作。

2. 立即停止户外活动和作业。

3. 居民应当关紧门窗，妥善安置室外搁置物和悬挂物。

4. 居民应当避免外出，远离户外广告牌、棚架、铁皮屋、板房等易被大风吹动的搭建物，切勿在树下、电杆下、塔吊下躲避，应当留在有雷电防护装置的安全场所暂避。

5. 公园、景区、游乐场等户外场所应当及时发出警示信息，适时关闭相关区域，停止营业，组织居民避险。

6. 在建工地应当采取防护措施，加强工棚、脚手架、井架等设施和塔吊、龙门吊、升降机等机械、电器设备的安全防护，保障居民安全。

7. 机场、轨道交通、高速公路、港口码头等经营管理单位应当迅速采取措施，确保安全。

8. 相关应急处置部门和抢险单位密切监视灾情，做好应急抢险救灾工作。

（三）雷雨大风红色预警信号

图标：

含义： 2 小时内本地将受雷雨天气影响，平均风力可达 10 级以上，或者阵风 12 级以上，并伴有强雷电；或者已经受雷雨天气影响，平均风力为 10 级以上，或者阵风 12 级以上，并伴有强雷电，且将持续。

防御指引：

1. 密切关注雷雨大风最新消息和有关防御通知，迅速做好防御大风、雷电工作。

2. 立即停止户外活动和作业。

3. 居民应当关紧门窗，妥善安置室外搁置物和悬挂物。

4. 居民切勿外出，远离户外广告牌、棚架、铁皮屋、板房等易被大风吹动的搭建物，切勿在树下、电杆下、塔吊下躲避，应当留在有雷电防护装置的安全场所暂避。

5. 公园、景区、游乐场等户外场所应当立即发出警示信息，立即关闭相关区域，停止营业，组织人员避险。

6. 在建工地应当采取防护措施，加强工棚、脚手架、井架等设施和塔吊、龙门吊、升降机等机械、电器设备的安全防护，保障人员安全。

7. 机场、轨道交通、高速公路、港口码头等经营管理单位应当迅速采取措施，确保安全。

8. 相关应急处置部门和抢险单位密切监视灾情，做好应急抢险救灾工作。

八 道路结冰预警信号

道路结冰预警信号分三级，分别以黄色、橙色、红色表示。

（一）道路结冰黄色预警信号

图标：

含义：12 小时内将出现对交通有影响的道路结冰。

防御指引：

1. 交通运输、公安机关交通管理等部门做好应对准备工作。
2. 驾驶人员注意路况，安全行驶。

（二）道路结冰橙色预警信号

图标：

含义：6 小时内将出现对交通有较大影响的道路结冰。

防御指引：

1. 行人出行注意防滑。
2. 交通运输、公安机关交通管理等部门注意指挥和疏导行驶车辆。
3. 驾驶人员应当采取防滑措施，听从指挥，慢速行驶。

（三）道路结冰红色预警信号

图标：

含义： 2 小时内将出现或者已经出现对交通有很大影响的道路结冰。

防御指引：

1. 居民尽量减少外出。

2. 有关部门适时采取交通安全管制措施，必要时封闭结冰道路。

3. 相关应急处置部门和抢险单位密切监视灾情，做好应急抢险救灾工作。

九 冰雹预警信号

冰雹预警信号分二级，分别以橙色、红色表示。

（一）冰雹橙色预警信号

图标：

含义： 6 小时内将出现或者已经出现冰雹，并可能造成雹灾。

防御指引：

1. 户外人员及时到安全的场所暂避。

2. 妥善安置易受冰雹影响的室外物品、车辆等。

3. 将家禽、牲畜等赶到带有顶篷的安全场所。

4. 相关应急处置部门和抢险单位随时准备启动抢险应急方案。

（二）冰雹红色预警信号

图标：

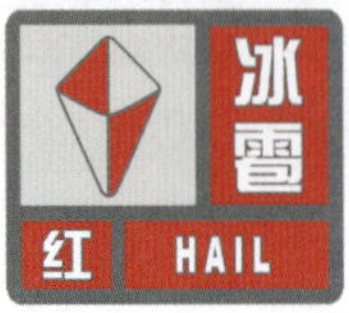

含义：2 小时内出现冰雹的可能性极大或者已经出现冰雹，并可能造成重雹灾。

防御指引：

1. 户外人员立即到安全的场所暂避。
2. 妥善安置易受冰雹影响的室外物品、车辆等。
3. 将家禽、牲畜等赶到带有顶篷的安全场所。
4. 相关应急处置部门和抢险单位密切监视灾情，做好应急抢险救灾工作。

十　森林火险预警信号

森林火险预警信号分三级，分别以黄色、橙色、红色表示。

（一）森林火险黄色预警信号

图标：

含义：较高火险，森林火险气象等级为三级，林内可燃物较易燃烧，森林火灾较易发生。

防御指引：

1. 进入森林防火防御状态，有关单位应当加强森林防火宣传教育，普及用火安全指引。

2. 加强巡山护林和野外用火的监管工作。

3. 进入森林防火区，注意防火；森林防火区用火要做好防范措施，勿留火种。

4. 充分做好扑火救灾准备工作。

（二）森林火险橙色预警信号

图标：

含义：高火险，森林火险气象等级为四级，林内可燃物容易燃烧，森林火灾容易发生，火势蔓延速度快。

防御指引：

1. 进入森林防火临战状态，有关单位应当进一步加强森林防火宣传教育。

2. 加大巡山护林和野外用火的监管力度。

3. 加强检查，禁止携带火种进山，严格管制野外火源。

4. 充分做好扑火救灾准备工作。

（三）森林火险红色预警信号

图标：

含义：极高火险，森林火险气象等级为五级，林内可燃物极易燃烧，森林火灾极易发生，火势蔓延速度极快。

防御指引：

1. 进入紧急防火状态，有关单位加强值班调度，密切注意林火信息动态。

2. 进一步加强巡山护林，落实各项防范措施，及时消除森林火灾隐患。

3. 严格检查，禁止携带火种进山，严格管制野外火源。

4. 政府可以发布命令，禁止一切野外用火，严格管理可能引发森林火灾的居民生活用火。

5. 做好扑火救灾充分准备工作，森林消防队伍要严阵以待。

6. 发生森林火灾时要及时、科学、安全扑救，确保人民群众生命财产安全。